Guida alla Coltivazione della Lavanda

Introduzione

La lavanda, scientificamente nota come *Lavandula*, è una pianta che ha affascinato l'umanità per secoli grazie ai suoi molteplici usi, alla sua bellezza estetica e alle sue proprietà benefiche. Sin dall'antichità, la lavanda ha trovato un posto speciale nella vita umana, sia come rimedio naturale che come profumo pregiato, fino a diventare uno dei simboli più riconoscibili della botanica mondiale. Questo fiore è immediatamente identificabile per il suo caratteristico colore viola e per il suo aroma inconfondibile, che ha la capacità di rilassare la mente e il corpo.

Oggi, la lavanda non è solo una pianta decorativa ma è ampiamente utilizzata nell'industria cosmetica, farmaceutica e alimentare. Il suo olio essenziale è uno dei più ricercati al mondo, noto per le sue proprietà calmanti e antisettiche. Nonostante la sua diffusione a livello globale, la lavanda è originaria delle regioni montuose del Mediterraneo, un'area geografica che offre le condizioni climatiche ideali per la sua crescita.

In questa guida, esploreremo la storia, le varietà e le condizioni ideali per coltivare questa meravigliosa pianta, approfondendo ogni aspetto che la rende unica.

Capitolo 1: Storia e Origini della Lavanda

La lavanda ha una storia lunga e affascinante che risale a oltre 2500 anni fa. Le prime tracce del suo utilizzo si trovano nei popoli antichi del Mediterraneo, come gli egizi, i greci e i romani. La parola "lavanda" deriva dal latino *lavare*, che significa "lavare", un riferimento al suo uso storico nell'igiene e nella cura personale. Gli antichi romani, ad esempio, usavano la lavanda per profumare i bagni, gli abiti e anche come rimedio contro le infezioni.

Antico Egitto

In Egitto, la lavanda aveva un ruolo significativo nelle pratiche religiose e spirituali. Gli egiziani la utilizzavano durante il processo di mummificazione e la consideravano una pianta sacra. Alcuni studi storici suggeriscono che l'olio di lavanda potrebbe essere stato utilizzato nei rituali di imbalsamazione grazie alle sue proprietà antisettiche, che rallentavano la decomposizione dei corpi.

Antica Roma e Grecia

In Grecia e Roma, la lavanda era molto apprezzata per le sue qualità terapeutiche e veniva comunemente usata per il trattamento delle ferite, delle ustioni e delle infezioni della pelle. I romani la utilizzavano anche nei bagni pubblici e nei lavatoi, sfruttandone l'aroma per profumare gli ambienti e per disinfettare. Si credeva che la lavanda avesse anche proprietà spirituali: era considerata in grado di allontanare gli spiriti maligni e di proteggere dal male.

Medioevo

Durante il Medioevo, la lavanda trovò un utilizzo molto diffuso nei monasteri, dove veniva coltivata come pianta medicinale. I monaci la usavano per preparare pomate e decotti medicinali, sfruttando le sue proprietà antisettiche e antinfiammatorie. Inoltre, la lavanda era ampiamente impiegata per proteggere i tessuti dai parassiti e veniva posizionata tra gli abiti per mantenerli freschi e profumati.

Rinascimento e Oltre

Nel corso del Rinascimento, la lavanda divenne una delle piante più popolari nei giardini delle case aristocratiche e delle corti europee. Fu in questo periodo che si sviluppò anche l'uso dell'olio essenziale di lavanda, che divenne parte integrante della profumeria. Grazie ai suoi numerosi impieghi terapeutici e aromatici, la pianta si diffuse rapidamente in tutta Europa e successivamente in altre parti del mondo, fino a diventare un ingrediente essenziale in molte tradizioni culturali.

Varietà di Lavanda

Esistono diverse varietà di lavanda, ciascuna con caratteristiche uniche in termini di aroma, colore e resistenza alle condizioni ambientali. Le principali varietà appartengono a tre specie principali: *Lavandula angustifolia*, *Lavandula x intermedia* e *Lavandula stoechas*.

1. Lavandula angustifolia (Lavanda Vera)

Conosciuta anche come lavanda inglese, *Lavandula angustifolia* è probabilmente la varietà più diffusa e utilizzata a livello commerciale per la produzione di olio essenziale. La sua fragranza è dolce e delicata, ed è la scelta preferita per l'aromaterapia e i prodotti cosmetici. Questa varietà è anche molto apprezzata per i suoi fiori di un vivido colore viola e per la sua capacità di resistere a climi più freddi.

- **Caratteristiche principali**: Fragranza dolce, colore viola intenso, adatta a climi temperati.
- **Uso principale**: Olio essenziale, aromaterapia, cosmetici.

2. Lavandula x intermedia (Lavandin)

Il lavandino è un ibrido tra la *Lavandula angustifolia* e la *Lavandula latifolia*. Produce una quantità maggiore di olio rispetto alla lavanda vera, ma la qualità dell'olio è considerata inferiore, con un aroma più canforato. Tuttavia, il lavandino è molto resistente e cresce in una vasta gamma di condizioni climatiche. È spesso utilizzato nella produzione di prodotti per la pulizia della casa e per profumare ambienti.

- **Caratteristiche principali**: Aroma canforato, grandi quantità di olio, alta resistenza.

- **Uso principale**: Detergenti, prodotti per la casa, profumazione d'ambiente.

3. Lavandula stoechas (Lavanda Spagnola)

Originaria delle regioni mediterranee, questa varietà è facilmente riconoscibile per i suoi fiori distintivi che assomigliano a piccole "farfalle" appoggiate sulla cima dello stelo. Ha un aroma più speziato e pungente rispetto ad altre varietà, il che la rende meno adatta per la produzione di olio essenziale di alta qualità, ma più interessante per la coltivazione ornamentale.

- **Caratteristiche principali**: Fiori distintivi, aroma speziato, molto ornamentale.

- **Uso principale**: Decorazione del giardino, abbellimento paesaggistico.

Condizioni di Crescita Ideali

Per ottenere una fioritura rigogliosa e un olio essenziale di qualità, la lavanda ha bisogno di condizioni ambientali specifiche. La pianta è relativamente rustica e può prosperare in diverse situazioni, ma per massimizzare la resa e la qualità, è necessario tenere conto di alcuni fattori fondamentali come il clima, il terreno e l'esposizione al sole.

Clima

La lavanda è una pianta che prospera nei climi temperati e caldi, ed è particolarmente resistente alla siccità. Le regioni del Mediterraneo offrono le condizioni ideali per la sua coltivazione, grazie agli inverni miti e alle estati calde e secche. Tuttavia, alcune varietà come la *Lavandula angustifolia* sono in grado di resistere a temperature più basse, il che le rende adatte anche ai climi continentali.

- **Ideale per la lavanda**: Estati calde e secche, inverni miti.
- **Tolleranza al freddo**: La *Lavandula angustifolia* può tollerare temperature inferiori allo zero.

Un eccesso di umidità, specialmente durante l'inverno, può danneggiare la pianta, favorendo lo sviluppo di marciume radicale. Pertanto, in zone con climi umidi, è fondamentale garantire un buon drenaggio del terreno e una corretta esposizione al sole per evitare ristagni d'acqua.

Terreno

La lavanda preferisce terreni leggeri, ben drenati e con un buon contenuto di sabbia o ghiaia. Il suolo dovrebbe essere povero di sostanze organiche, poiché un terreno troppo fertile favorisce la crescita del fogliame a scapito della fioritura. Inoltre, è importante che il pH del terreno sia compreso tra 6,5 e 7,5, cioè leggermente alcalino.

- **Terreni ideali**: Sabbiosi, drenati, con basso contenuto di materia organica.
- **pH ideale**: 6,5 - 7,5 (leggermente alcalino).

Se il terreno è troppo compatto o argilloso, è possibile migliorare il drenaggio aggiungendo sabbia o ghiaia. È fondamentale evitare i ristagni d'acqua, che possono provocare malattie fungine e marciume radicale.

Esposizione al Sole

La lavanda è una pianta amante del sole e necessita di almeno 6-8 ore di luce diretta al giorno per prosperare. Più sole riceve, migliore sarà la qualità dei fiori e dell 'olio essenziale prodotto. In regioni con climi più freschi o estati brevi, è particolarmente importante scegliere una posizione ben esposta, come un pendio o un'area con un buon flusso d'aria.

- **Esposizione ideale**: Luce diretta per almeno 6-8 ore al giorno.

- **Posizione consigliata**: Aree aperte, collinari o ben ventilate.

La lavanda è molto più di una semplice pianta ornamentale. La sua storia ricca e variegata, le sue innumerevoli varietà e le sue preziose qualità terapeutiche e aromatiche l'hanno resa una delle piante più versatili e apprezzate al mondo. Con una corretta coltivazione, che tenga conto delle condizioni climatiche, del terreno e dell'esposizione al sole, la lavanda può prosperare in quasi ogni giardino, offrendo non solo una fioritura spettacolare, ma anche un raccolto prezioso di olio essenziale, erbe profumate e tanto altro.

Capitolo 2: Preparazione del Terreno per la Lavanda

La coltivazione della lavanda richiede una cura meticolosa, specialmente nella fase di preparazione del terreno. Se il terreno non è preparato correttamente, la pianta potrebbe non prosperare, anche se le condizioni climatiche e la luce solare sono ideali. In questo capitolo, esploreremo come preparare il terreno per la coltivazione della lavanda, le tecniche di semina, la cura quotidiana e le pratiche di manutenzione essenziali come l'annaffiatura, la concimazione e la potatura.

1. Preparazione del Terreno

Una delle chiavi per il successo nella coltivazione della lavanda è la scelta e la preparazione adeguata del terreno. La lavanda prospera in terreni ben drenati, relativamente poveri di sostanza organica, e con un pH leggermente alcalino. La pianta non tollera i ristagni d'acqua, che possono causare malattie fungine e il marciume radicale. Per garantire una coltivazione ottimale, ci sono diversi passaggi da seguire nella preparazione del terreno.

Scelta del Terreno

La lavanda preferisce terreni sabbiosi o ghiaiosi che assicurano un buon drenaggio. Le regioni del Mediterraneo, dove la pianta è originaria, sono caratterizzate da terreni ben drenati e piuttosto poveri di nutrienti. Questo tipo di suolo permette alle radici della lavanda di svilupparsi in profondità senza rischiare il ristagno dell'acqua. Pertanto, è essenziale evitare terreni troppo compatti o argillosi, che tendono a trattenere l'umidità.

Se il terreno naturale del giardino è pesante e argilloso, è possibile migliorarlo aggiungendo sabbia grossolana o ghiaia per favorire il drenaggio. La percentuale di sabbia può variare dal 20% al 40% a seconda del tipo di terreno. Se si intende coltivare la lavanda in grandi quantità o su superfici estese, la preparazione del terreno su larga scala potrebbe richiedere l'uso di attrezzi agricoli come aratri o frese per lavorare il suolo a una profondità sufficiente.

Verifica del pH

Il pH del terreno è un altro fattore cruciale per la crescita della lavanda. La pianta predilige terreni leggermente alcalini, con un pH compreso tra 6,5 e 7,5. Per determinare il pH del terreno, è possibile utilizzare kit di test acquistabili in negozi di giardinaggio o far analizzare il suolo presso un laboratorio specializzato. Se il terreno è troppo acido, è possibile correggerlo aggiungendo calce agricola. La quantità di calce necessaria varia a seconda del livello di acidità del terreno; un'applicazione moderata può migliorare il pH senza alterarlo drasticamente.

Drenaggio

Come menzionato, la lavanda soffre particolarmente in terreni che trattengono l'acqua. Per garantire un drenaggio ottimale, è utile creare aiuole rialzate o posizionare le piante su pendii o colline. In questo modo, l'acqua piovana o quella di irrigazione defluisce naturalmente, evitando il ristagno vicino alle radici.

Se non è possibile modificare la struttura del terreno in modo significativo, un'altra soluzione potrebbe essere quella di coltivare la lavanda in contenitori o fioriere, dove è più facile controllare le condizioni del suolo.

2. Tecniche di Semina

Una volta preparato il terreno, è possibile procedere con la semina della lavanda. Esistono due metodi principali per propagare la lavanda: tramite semi o tramite talee. Ogni metodo ha i suoi vantaggi e svantaggi, e la scelta dipenderà dalle preferenze del coltivatore e dalle condizioni locali.

Semina tramite Semi

La semina tramite semi è un processo che richiede più tempo e pazienza, ma consente di ottenere un gran numero di piante a costi relativamente bassi. Tuttavia, non tutte le varietà di lavanda si riproducono fedelmente dai semi, e alcune possono dare piante con caratteristiche leggermente diverse rispetto alla pianta madre.

Passaggi per la semina:

1. **Raccolta o Acquisto dei Semi**: I semi di lavanda possono essere raccolti dai fiori essiccati della pianta oppure acquistati presso vivai o negozi di giardinaggio.

2. **Preparazione del Semenzaio**: È consigliabile seminare i semi in un semenzaio o in piccoli vasi prima di trapiantarli nel terreno. I vasi devono essere riempiti con un mix di terriccio leggero e ben drenato.

3. **Stratificazione Fredda**: Per stimolare la germinazione, i semi di lavanda possono richiedere una fase di stratificazione fredda. Ciò significa che i semi devono essere conservati in frigorifero per circa 4-6 settimane prima della semina.

4. **Semina**: I semi vanno interrati a una profondità molto superficiale (circa 0,5 cm), poiché necessitano di luce per germinare.

5. **Annaffiatura**: È importante mantenere il terreno umido ma non eccessivamente bagnato durante il processo di germinazione, che può richiedere da 2 a 4 settimane.

6. **Trapianto**: Una volta che le piantine hanno raggiunto una dimensione sufficiente (circa 8-10 cm di altezza), possono essere trapiantate nel terreno preparato. Assicurarsi di distanziarle adeguatamente per garantire una buona circolazione dell'aria.

Propagazione tramite Talee

La propagazione tramite talee è il metodo più comune per moltiplicare la lavanda, poiché permette di ottenere piante identiche alla pianta madre in un tempo relativamente breve. Questa tecnica garantisce una riproduzione fedele della varietà selezionata e assicura che le piante abbiano le stesse caratteristiche di resistenza e produzione di fiori.

Passaggi per la propagazione tramite talee:

1. **Scelta della Pianta Madre**: Selezionare una pianta madre sana e vigorosa, preferibilmente in primavera o all'inizio dell'estate.

2. **Taglio delle Talee**: Prelevare talee lunghe circa 10-12 cm dai nuovi rami non fioriti. Il taglio deve essere netto e fatto sotto un nodo fogliare.

3. **Rimozione delle Foglie**: Rimuovere le foglie più basse della talea, lasciando solo alcune foglie in cima.

4. **Preparazione del Substrato**: Piantare le talee in un substrato leggero e ben drenato, composto da sabbia e torba o perlite.

5. **Condizioni di Crescita**: Mantenere il substrato umido e collocare le talee in un luogo luminoso ma lontano dalla luce solare diretta fino a quando non sviluppano radici (circa 4-6 settimane).

6. **Trapianto**: Quando le talee hanno sviluppato un buon apparato radicale, possono essere trapiantate nel terreno o in vasi più

grandi.

3. Cura e Manutenzione

Una volta che le piantine sono stabilite nel terreno, la lavanda richiede una cura relativamente semplice, ma ci sono alcuni aspetti fondamentali da considerare per garantire che la pianta prosperi e produca fiori di alta qualità.

Annaffiatura

Uno degli aspetti più importanti nella cura della lavanda è l'annaffiatura. La lavanda è una pianta rustica che tollera la siccità, e il suo sistema radicale è progettato per trattenere l'acqua durante i periodi asciutti. Pertanto, è fondamentale evitare l'eccessiva irrigazione, che potrebbe danneggiare la pianta.

Regole per l'annaffiatura:

- **Frequenza**: Durante i primi mesi dopo

la semina o il trapianto, la lavanda necessita di irrigazioni regolari per stabilizzare le radici. Tuttavia, una volta stabilita, l'irrigazione dovrebbe essere ridotta. In generale, la lavanda preferisce cicli di asciutto piuttosto che avere il terreno costantemente umido.

- **Quantità**: L'irrigazione dovrebbe essere leggera, sufficiente a inumidire il terreno senza creare ristagni d'acqua.

- **Stagione**: Durante l'inverno, la lavanda richiede pochissima acqua, soprattutto in climi temperati o umidi. In estate, l'irrigazione dovrebbe essere aumentata leggermente, ma solo se il clima è particolarmente secco.

Concimazione

La lavanda non richiede grandi quantità di concime. In effetti, una sovrabbondanza di nutrienti, specialmente di azoto, può stimolare una crescita eccessiva delle foglie a scapito della produzione di fiori. Tuttavia, un'adeguata concimazione, eseguita con moderazione, può migliorare la qualità delle piante e

la resa dei fiori.

Suggerimenti per la concimazione:

- **Tipo di concime**: È preferibile utilizzare concimi a base di fosforo e potassio piuttosto che concimi ricchi di azoto. Il fosforo promuove lo sviluppo delle radici e la fioritura, mentre il potassio aumenta la resistenza della pianta.

- **Frequenza**: Concimare solo una o due volte all'anno, in primavera e in autunno. Si può optare per un compost leggero o un fertilizzante organico a rilascio lento.

- **Aggiunta di calce**: In terreni troppo acidi, è utile aggiungere una piccola quantità di calce per aumentare l'alcalinità del suolo.

Potatura

La potatura è una pratica essenziale per mantenere la lavanda in buona salute e per stimolare una fioritura abbondante. La pianta tende a lignificarsi con il tempo, il che può ridurre la sua capacità di produrre nuovi fiori. Potare regolarmente la lavanda aiuta a mantenere una forma compatta e favorisce lo sviluppo di nuovi germogli.

Tecniche di potatura:

- **Frequenza**: La potatura principale dovrebbe essere eseguita una volta all'anno, preferibilmente alla fine dell'estate o all'inizio dell'autunno, dopo la fioritura. In primavera, è possibile eseguire una leggera potatura di pulizia per rimuovere eventuali rami secchi o danneggiati.

- **Come potare**: Ridurre la pianta di circa un terzo della sua altezza totale, ma evitare di tagliare troppo nel legno vecchio, poiché questo potrebbe impedire la formazione di nuovi germogli.

- **Potatura dei fiori**: Se si desidera raccogliere i fiori per scopi decorativi o per l'olio essenziale, è consigliabile farlo quando le spighe floreali sono appena aperte, poiché è in questo momento che i fiori contengono la massima concentrazione di oli essenziali.

La preparazione del terreno, la semina e la cura della lavanda richiedono una pianificazione accurata e una gestione attenta delle risorse naturali come acqua e nutrienti. Tuttavia, una volta che le piante sono stabilite, la manutenzione della lavanda diventa relativamente semplice, con interventi periodici di potatura, annaffiatura e concimazione leggera. Questi passaggi non solo garantiranno una fioritura rigogliosa, ma contribuiranno anche a mantenere la pianta in buona salute per molti anni.

Capitolo 3: Controllo delle Malattie e Parassiti e Raccolta della Lavanda

La coltivazione della lavanda non è priva di sfide, soprattutto in termini di malattie e parassiti. La lavanda è generalmente resistente, ma ci sono alcuni problemi comuni che possono affliggere questa pianta, specie se non viene coltivata in condizioni ottimali. Questo capitolo esamina in dettaglio i principali parassiti e malattie che possono colpire la lavanda, le tecniche di gestione ecologica per mantenere la pianta sana, e infine, l'importante fase della raccolta, con le tecniche e la tempistica ideale per ottenere il massimo beneficio.

1. Controllo delle Malattie e Parassiti

La lavanda è nota per essere una pianta relativamente resistente, specialmente grazie ai suoi oli essenziali, che agiscono come deterrenti naturali contro molti insetti e malattie. Tuttavia, in condizioni ambientali sfavorevoli o con una cura inadeguata, la pianta può essere soggetta a diversi problemi. Una corretta prevenzione e una gestione attenta possono ridurre significativamente il rischio di malattie e attacchi parassitari.

Malattie Comuni della Lavanda

Sebbene la lavanda sia rustica, ci sono alcune malattie fungine e altre problematiche che possono influire negativamente sulla crescita e la salute della pianta. Ecco le malattie più comuni e le soluzioni per prevenirle e trattarle.

Marciume Radicali o Marciume del Colletto (Phytophthora spp.)

Questa malattia è una delle più gravi che possono colpire la lavanda, ed è causata principalmente da un'eccessiva umidità nel terreno. Il fungo *Phytophthora* prospera in condizioni di ristagno idrico e terreno mal drenato. Il marciume delle radici si manifesta con l'ingiallimento delle foglie e il successivo avvizzimento della pianta. La radice, attaccata dal fungo, diventa scura e molle, causando infine la morte della pianta.

Prevenzione e Controllo:

- **Drenaggio**: La chiave per prevenire il marciume radicale è garantire che il terreno sia ben drenato. In aree con terreno argilloso o compatto, è fondamentale aggiungere sabbia o ghiaia per migliorare il drenaggio.

- **Irrigazione Controllata**: Evitare di irrigare troppo spesso. L'annaffiatura dovrebbe essere ridotta al minimo, soprattutto nei mesi freddi.

- **Rimozione delle Piante Infette**: Se una pianta è gravemente infetta, è necessario rimuoverla completamente, inclusa la radice, per evitare che la malattia si diffonda ad altre piante.

Oidio (Oidium spp.)

L'oidio è un fungo che appare sotto forma di una sottile patina bianca polverosa sulle foglie della lavanda, soprattutto nelle aree con elevata umidità o scarsa ventilazione. Sebbene raramente letale, può indebolire la pianta e ridurre la qualità del raccolto.

Prevenzione e Controllo:

- **Spaziatura Adeguata**: Piantare la lavanda in modo che vi sia una buona circolazione dell'aria tra le piante è essenziale per prevenire l'oidio.

- **Evitare l'umidità**: Irrigare la lavanda al piede della pianta piuttosto che sulle foglie può aiutare a ridurre l'umidità superficiale che favorisce la proliferazione del fungo.

- **Trattamenti Naturali**: Si possono usare spray a base di bicarbonato di sodio o zolfo per trattare l'oidio nelle prime fasi.

Botrite (Botrytis cinerea)

La botrite, o muffa grigia, è un'altra malattia

fungina che colpisce la lavanda, specialmente in condizioni di alta umidità. La malattia provoca la comparsa di macchie marroni sui fiori e sulle foglie, che si coprono successivamente di una muffa grigia. La botrite attacca solitamente le piante più deboli o danneggiate.

Prevenzione e Controllo:

- **Riduzione dell'umidità**: Assicurarsi che la lavanda sia piantata in un'area con buona ventilazione. Evitare il sovraffollamento delle piante.

- **Rimozione delle Parti Infette**: Tagliare immediatamente le parti della pianta colpite dalla muffa e smaltirle lontano dall'area di coltivazione.

- **Trattamenti Preventivi**: In casi di alta umidità, è possibile utilizzare prodotti antifungini naturali, come l'estratto di equiseto o il rame, per prevenire l'insorgere della malattia.

Parassiti Comuni della Lavanda

Oltre alle malattie fungine, ci sono alcuni parassiti che possono attaccare la lavanda, anche se, grazie agli oli essenziali presenti nelle foglie e nei fiori, la pianta è generalmente poco appetibile per la maggior parte degli insetti.

Afidi (Aphididae)

Gli afidi, o pidocchi delle piante, sono piccoli insetti che si nutrono della linfa della lavanda, specialmente durante i mesi primaverili. Si concentrano principalmente sulle parti giovani della pianta e sui boccioli floreali, causando deformazioni e indebolimento generale.

Prevenzione e Controllo:

- **Rimozione Manuale**: In caso di infestazioni leggere, gli afidi possono essere rimossi manualmente o con un getto d'acqua.

- **Predatori Naturali**: Favorire la presenza di coccinelle e altri insetti predatori che si nutrono di afidi.

- **Spray al Sapone**: Utilizzare saponi insetticidi o olio di neem per trattare le piante infestate.

Cicaline (Cicadellidae)

Le cicaline sono piccoli insetti saltatori che si nutrono della linfa della lavanda. Questi insetti possono causare ingiallimenti delle foglie e una ridotta crescita della pianta.

Prevenzione e Controllo:

- **Spray Naturali**: L'olio di neem e altri insetticidi biologici possono essere utilizzati per trattare le cicaline.

- **Trappole Appiccicose**: Posizionare trappole appiccicose vicino alle piante per catturare le cicaline adulte.

Bruchi e Larve

Alcune specie di bruchi possono attaccare la

lavanda, mangiando le foglie e danneggiando le giovani piantine. Fortunatamente, le infestazioni di bruchi non sono frequenti, ma possono comunque verificarsi.

Prevenzione e Controllo:

- **Rimozione Manuale**: Raccogliere i bruchi manualmente e allontanarli dalla pianta.

- **Piante Compagne**: Piantare piante compagne come l'aglio o la menta che possono respingere naturalmente i bruchi.

2. Raccolta della Lavanda

La raccolta della lavanda è una fase cruciale per garantire il massimo rendimento sia in termini di oli essenziali che di fiori secchi di alta qualità. La tempistica e la tecnica di raccolta sono fattori determinanti per ottenere prodotti con le migliori caratteristiche aromatiche e terapeutiche. In questa sezione vedremo come e quando raccogliere la lavanda per ottenere i migliori risultati.

Tempistica della Raccolta

La raccolta della lavanda non è un processo casuale. La pianta deve essere raccolta nel momento giusto per ottenere i fiori al massimo della loro potenza aromatica. La tempistica ideale varia a seconda della varietà di lavanda, delle condizioni climatiche e dell'uso che si vuole fare dei fiori (per uso decorativo, essiccazione o estrazione di oli essenziali).

Momento Ottimale

Il momento ideale per la raccolta della lavanda è quando circa il 50-70% dei fiori sui gambi è aperto. In questa fase, la concentrazione di oli essenziali nei fiori è al suo apice. Se si desidera utilizzare la lavanda per la distillazione dell'olio essenziale, il momento ideale per la raccolta è al culmine della fioritura, quando i fiori contengono la massima quantità di oli volatili.

Indicazioni per la tempistica:

- **Oli essenziali**: Per ottenere la massima resa di olio, la lavanda dovrebbe essere raccolta all'inizio della fioritura, quando i fiori hanno appena iniziato ad aprirsi.

- **Fiori secchi**: Se l'obiettivo è ottenere fiori secchi per usi decorativi o per la produzione di sacchetti profumati, è meglio raccogliere i fiori poco prima che siano completamente aperti. In questo modo, i fiori mantengono meglio la loro forma e colore durante il processo di essiccazione.

Orario della Giornata

Anche l'ora del giorno in cui si raccoglie la lavanda ha un impatto sulla qualità del raccolto. Il momento migliore per raccogliere è al mattino presto, dopo che la rugiada si è asciugata ma prima che il calore del sole diventi troppo intenso. Questo perché la concentrazione degli oli essenziali è più alta nelle ore fresche del mattino. Il calore eccessivo del sole può far evaporare parte degli oli volatili, riducendo la qualità e la resa del raccolto.

3. Tecniche di Raccolta

Le tecniche di raccolta sono fondamentali per assicurare che i fiori di lavanda rimangano in buone condizioni e che la pianta non venga danneggiata, garantendo così una lunga vita produttiva.

Raccolta Manuale

La raccolta manuale è il metodo più comune utilizzato per raccogliere la lavanda, specialmente in piccoli giardini o per raccolti di nicchia. Questa tecnica richiede l'uso di attrezzi affilati, come forbici da giardino o falcetti, per tagliare i gambi in modo netto senza danneggiare la pianta.

Passaggi per la raccolta manuale:

1. **Scelta dei Gambi**: Scegliere gambi lunghi con fiori al giusto stadio di maturazione.

2. **Taglio**: Tagliare i gambi appena sopra la parte legnosa della pianta. È importante evitare di tagliare troppo in basso nella parte legnosa, poiché ciò potrebbe rallentare la ricrescita o danneggiare la pianta.

3. **Raccolta in Mazzetti**: Raccogliere i gambi in mazzetti e legarli con un elastico o uno spago morbido. Questo facilita il trasporto e la gestione dei fiori per l'essiccazione o altri usi.

Raccolta Meccanizzata

In coltivazioni su larga scala, come quelle utilizzate per la produzione commerciale di olio essenziale, la raccolta meccanizzata è una pratica comune. Le macchine taglia-lavanda sono progettate per tagliare rapidamente grandi quantità di piante, ottimizzando il processo di raccolta. Tuttavia, queste macchine possono essere piuttosto costose e sono adatte solo a coltivatori con estensioni significative di lavanda.

Post-raccolta: Essiccazione e Conservazione

Dopo la raccolta, i fiori di lavanda devono essere gestiti correttamente per garantire che mantengano il loro profumo e le loro proprietà terapeutiche.

1. **Essiccazione**: I mazzetti di lavanda devono essere appesi a testa in giù in un luogo fresco, asciutto e buio per circa 1-2 settimane, a seconda delle condizioni ambientali. È importante garantire una buona ventilazione per prevenire la formazione di muffe.

2. **Conservazione**: Una volta essiccati, i fiori di lavanda possono essere conservati in

contenitori ermetici, preferibilmente in vetro o metallo, lontano dalla luce diretta e dal calore, per preservare al meglio il loro aroma.

Il controllo delle malattie e dei parassiti è una parte essenziale della cura della lavanda, ma con le giuste pratiche di prevenzione e monitoraggio, è possibile mantenere le piante sane e produttive. La raccolta della lavanda, d'altra parte, è un'arte che richiede precisione e tempismo per ottenere il massimo dai fiori e dagli oli essenziali. Con le tecniche adeguate, è possibile sfruttare al meglio questa pianta meravigliosa, raccogliendo non solo fiori, ma anche anni di bellezza e profumo nel giardino.

Capitolo 4: Usi della Lavanda

La lavanda, con il suo profumo inebriante e le sue proprietà benefiche, è una pianta versatile utilizzata in una vasta gamma di applicazioni. Dai benefici per la salute all'uso culinario, passando per la creazione di prodotti fatti in casa, la lavanda ha trovato un posto di rilievo nelle tradizioni culturali e nei rimedi naturali di molte civiltà. In questo capitolo esploreremo i vari usi della lavanda, suddivisi in tre sezioni principali: aromaterapia, cucina e prodotti fatti in casa.

1. Aromaterapia

L'aromaterapia è una pratica che utilizza gli oli essenziali estratti dalle piante per promuovere il benessere fisico e mentale. L'olio essenziale di lavanda è uno dei più popolari e ricercati nel campo dell'aromaterapia, grazie alle sue molteplici proprietà terapeutiche.

Proprietà terapeutiche dell'olio di lavanda

1. **Rilassamento e riduzione dello stress**: L'aroma della lavanda è conosciuto per le sue proprietà calmanti. Studi scientifici hanno dimostrato che l'inalazione dell'olio essenziale di lavanda può ridurre l'ansia e favorire il rilassamento. È spesso utilizzato in ambienti di spa e benessere per creare un'atmosfera di calma e tranquillità.

2. **Miglioramento del sonno**: La lavanda è un rimedio naturale molto apprezzato per migliorare la qualità del sonno. L'uso di sacchetti di lavanda o diffusori d'aria con olio essenziale di lavanda nella camera da letto può aiutare a promuovere un sonno profondo e riposante. Alcuni studi suggeriscono che l'inalazione di lavanda prima di coricarsi può ridurre i disturbi del sonno e migliorare la durata e la qualità del riposo.

3. **Proprietà antinfiammatorie e

analgesiche**: L'olio essenziale di lavanda ha anche proprietà antinfiammatorie e analgesiche, rendendolo utile nel trattamento di dolori muscolari e articolari. Può essere massaggiato sulla pelle, diluito con un olio vettore, per alleviare tensioni e dolori.

4. **Supporto per la salute della pelle**: La lavanda ha proprietà antibatteriche e antifungine, il che la rende utile nel trattamento di piccole ferite, scottature e irritazioni cutanee. L'olio essenziale di lavanda può essere applicato localmente, sempre dopo essere stato diluito in un olio vettore, per favorire la guarigione della pelle.

Modalità di utilizzo dell'olio di lavanda in aromaterapia

1. **Diffusori**: Gli oli essenziali di lavanda possono essere utilizzati in diffusori per ambienti. Aggiungendo alcune gocce di olio di lavanda all'acqua del diffusore, si può riempire l'aria con un profumo rilassante che

favorisce la calma e il benessere.

2. **Bagni aromatici**: Aggiungere alcune gocce di olio essenziale di lavanda all'acqua del bagno può trasformare un semplice bagno in un'esperienza rilassante e rigenerante. Si consiglia di mescolare l'olio essenziale con un olio vettore (come l'olio di mandorle o di cocco) per evitare irritazioni cutanee.

3. **Spray per ambienti**: Si può creare uno spray per ambienti mescolando acqua e alcune gocce di olio essenziale di lavanda in un flacone spray. Questo è un modo semplice per rinfrescare l'aria e promuovere un'atmosfera di calma in casa o in ufficio.

4. **Candele profumate**: È possibile realizzare candele profumate con olio di lavanda, che non solo diffondono un piacevole aroma ma creano anche un'atmosfera accogliente. Basta aggiungere alcune gocce di olio essenziale di lavanda nella cera fusa durante il processo di realizzazione delle

candele.

2. Cucina

La lavanda non è solo un'ottima pianta ornamentale, ma è anche utilizzata in cucina per il suo sapore distintivo e aromatico. Sebbene il suo utilizzo in cucina possa sembrare insolito, la lavanda è un ingrediente versatile che può arricchire una varietà di piatti e bevande.

Usi culinari della lavanda

1. **Infusi e tè**: La lavanda può essere utilizzata per preparare tè aromatici. Per fare un tè alla lavanda, basta aggiungere un cucchiaino di fiori secchi di lavanda a una tazza di acqua calda. Lasciare in infusione per circa 5-10 minuti, quindi filtrare e dolcificare a piacere. Questo tè ha un sapore delicato e floreale e offre anche i benefici calmanti tipici della lavanda.

2. **Dolci e dessert**: I fiori di lavanda possono essere utilizzati per aromatizzare biscotti, torte e gelati. Aggiungendo piccole quantità di fiori secchi di lavanda all'impasto, si può ottenere un dolce aromatico e profumato. È importante non esagerare con la quantità, poiché il sapore della lavanda può facilmente sovrastare gli altri ingredienti.

3. **Syrup di lavanda**: Il syrup di lavanda è un'ottima aggiunta a cocktail, limonate e altre bevande. Per prepararlo, si può scaldare acqua e zucchero in parti uguali fino a ottenere uno sciroppo, quindi aggiungere fiori secchi di lavanda e lasciare in infusione per circa un'ora. Filtrare e conservare in frigorifero.

4. **Marinature e condimenti**: La lavanda può essere utilizzata per marinare carni e pesce, conferendo un sapore unico e aromatico. Può essere mescolata con olio d'oliva, aglio e altre erbe per creare un condimento aromatico per insalate e verdure grigliate.

Ricette con la lavanda

Tè di lavanda e limone

Ingredienti:

- 1 cucchiaino di fiori secchi di lavanda

- 1 tazza di acqua calda

- Succo di mezzo limone

- Miele a piacere

Preparazione:

1. Aggiungere i fiori di lavanda all'acqua calda e lasciare in infusione per 5-10 minuti.

2. Filtrare e aggiungere il succo di limone e il miele. Mescolare bene e gustare caldo o freddo.

Biscotti alla lavanda

Ingredienti:

- 1/2 tazza di burro ammorbidito

- 1/2 tazza di zucchero

- 1 cucchiaino di fiori secchi di lavanda

- 1 uovo

- 1 1/2 tazza di farina

- 1/2 cucchiaino di lievito

Preparazione:

1. In una ciotola, mescolare il burro e lo zucchero fino a ottenere un composto cremoso.

2. Aggiungere l'uovo e mescolare bene.

3. In un'altra ciotola, mescolare la farina, il lievito e i fiori di lavanda.

4. Unire gli ingredienti secchi a quelli umidi e mescolare fino a ottenere un impasto omogeneo.

5. Formare delle palline e disporle su una teglia. Cuocere in forno a 180°C per 12-15 minuti.

Syrup di lavanda

Ingredienti:

- 1 tazza di zucchero

- 1 tazza di acqua

- 1/4 tazza di fiori secchi di lavanda

Preparazione:

1. In un pentolino, unire acqua e zucchero e portare a ebollizione.

2. Aggiungere i fiori di lavanda e lasciare sobbollire per 10 minuti.

3. Filtrare e conservare in frigorifero in un contenitore ermetico.

3. Prodotti Fatti in Casa

La lavanda è un ingrediente versatile che può essere utilizzato per creare una varietà di prodotti fatti in casa. Questi prodotti non solo sfruttano le proprietà aromatiche e terapeutiche della lavanda, ma sono anche un'ottima alternativa ai prodotti commerciali, spesso pieni di sostanze chimiche. Di seguito, esploreremo alcune delle creazioni più comuni che puoi realizzare a casa.

Prodotti per la cura del corpo

1. **Sapone alla lavanda**: Fare il sapone in casa con l'aggiunta di olio essenziale di lavanda può risultare in un prodotto delicato e profumato, ideale per la cura della pelle. I saponi alla lavanda hanno proprietà antibatteriche e rilassanti.

2. **Bomba da bagno alla lavanda**: Le bombe da bagno fatte in casa con lavanda possono trasformare un bagno in un momento di puro

relax. Mischiando bicarbonato di sodio, acido citrico, olio di cocco e olio essenziale di lavanda, si possono creare sfere effervescenti da utilizzare in vasca.

3. **Scrub corpo alla lavanda**: Gli scrub corpo sono un modo fantastico per esfoliare la pelle e idratarla. Mescolando zucchero di canna, olio d'oliva e fiori secchi di lavanda, si può ottenere un composto profumato da utilizzare sotto la doccia.

Prodotti per la casa

1. **Sacchetti di lavanda**: Creare sacchetti di lavanda da posizionare nei cassetti o negli armadi non solo profuma gli ambienti, ma tiene lontani anche i parassiti. Basta riempire dei sacchetti di stoffa con fiori secchi di lavanda e chiuderli bene.

2. **Detergente per ambienti**: È possibile preparare un detergente per ambienti naturale mescolando acqua, aceto e alcune gocce di olio essenziale di lavanda. Questo spray può essere utilizzato per rinfrescare l'aria e

disinfettare le superfici.

3. **Candele profumate**: Realizzare candele profumate alla lavanda è un progetto semplice e gratificante. Combinando cera, stoppini e olio essenziale di lavanda, puoi creare candele uniche da utilizzare in casa o da regalare.

Ricette per prodotti fatti in casa

Sapone alla lavanda

Ingredienti:

- 200 g di base per sapone (glicerina o sapone di oliva)

- 10-15 gocce di olio essenziale di lavanda

- 1 cucchiaio di fiori secchi di lavanda

Preparazione:

1. Sciogliere la base di sapone a bagnomaria o nel microonde.

2. Aggiungere l'olio essenziale di lavanda e i fiori secchi, mescolare bene.

3. Versare il composto negli stampi e lasciare raffreddare completamente prima di rimuovere.

Bomba da bagno alla lavanda

Ingredienti:

- 1 tazza di bicarbonato di sodio

- 1/2 tazza di acido citrico

- 1/2 tazza di sale di Epsom

- 2 cucchiai di olio di cocco

- 10-15 gocce di olio essenziale di lavanda

Preparazione:

1. In una ciotola, mescolare gli ingredienti secchi.

2. Aggiungere l'olio di cocco fuso e l'olio essenziale di lavanda, mescolare fino a ottenere una consistenza sabbiosa.

3. Compattare il composto in uno stampo e lasciare asciugare per almeno 24 ore.

Scrub corpo alla lavanda

Ingredienti:

- 1 tazza di zucchero di canna

- 1/2 tazza di olio d'oliva

- 1-2 cucchiai di fiori secchi di lavanda

Preparazione:

1. Mescolare tutti gli ingredienti in una ciotola fino a ottenere un composto omogeneo.

2. Conservare in un barattolo ermetico e utilizzare sotto la doccia per esfoliare la pelle.

La lavanda è una pianta dalle molteplici applicazioni, che spaziano dall'aromaterapia alla cucina, fino alla creazione di prodotti fatti in casa. Grazie alle sue proprietà aromatiche e terapeutiche, è possibile integrarla nella vita quotidiana in modi creativi e benefici. Che tu stia cercando di rilassarti con un tè alla lavanda, di profumare la tua casa con sacchetti di lavanda o di preparare un delizioso dolce, la lavanda offre opportunità infinite per migliorare il tuo benessere e la tua vita quotidiana. Sperimentare con questa meravigliosa pianta può portare non solo a una maggiore conoscenza delle sue proprietà, ma anche a momenti di gioia e soddisfazione nella tua routine quotidiana.

Capitolo 5: Conservazione della Lavanda

La lavanda è una pianta straordinaria, ampiamente apprezzata non solo per la sua bellezza e il suo profumo inebriante, ma anche per le sue molteplici proprietà e utilizzi. Per sfruttare al meglio questa meravigliosa pianta e preservarne le qualità nel tempo, è fondamentale conoscere le tecniche di conservazione. In questo capitolo, esploreremo vari metodi per conservare la lavanda, fornendo consigli pratici su come mantenerne l'aroma e l'efficacia, oltre a suggerimenti utili per chi desidera integrarla nella propria vita quotidiana.

1. Conservazione della Lavanda Fresca

Quando si raccoglie la lavanda, è importante sapere come conservarla in modo da mantenerne la freschezza e le proprietà. Ecco alcuni metodi efficaci per la conservazione della lavanda fresca.

1.1. Refrigerazione

La lavanda fresca può essere conservata in frigorifero per un breve periodo. Ecco come farlo correttamente:

- **Preparazione**: Raccogliere i gambi di lavanda in modo che siano integri e privi di segni di marciume o malattie. Se possibile, raccogliere al mattino, quando le piante sono ancora fresche di rugiada.

- **Avvolgimento**: Avvolgere i gambi in un panno umido o in un foglio di carta assorbente per mantenere l'umidità.

- **Conservazione**: Riporre i gambi avvolti in un sacchetto di plastica forato o in un contenitore aperto in frigorifero. Questo aiuterà a mantenere la freschezza per circa una settimana.

1.2. Conservazione in Acqua

Un altro metodo efficace è la conservazione in acqua, simile a come si farebbe con i fiori recisi:

- **Preparazione**: Rimuovere le foglie inferiori dai gambi, lasciando solo i fiori in cima.

- **Posizionamento**: Mettere i gambi in un vaso con acqua fresca, assicurandosi che solo i gambi siano immersi e non i fiori.

- **Posizionamento del vaso**: Collocare il vaso in un luogo fresco e luminoso, lontano dalla luce diretta del sole. Cambiare l'acqua ogni due giorni per mantenere la freschezza.

Questo metodo può prolungare la vita della lavanda fresca fino a dieci giorni.

1.3. Essiccazione della Lavanda Fresca

L'essiccazione è uno dei metodi più comuni

per conservare la lavanda, permettendo di sfruttarne le proprietà aromatiche e terapeutiche anche dopo il raccolto. L'essiccazione può essere effettuata in vari modi, che esploreremo di seguito.

1.3.1. Essiccazione all'aria

L'essiccazione all'aria è un metodo semplice e naturale:

- **Raccolta**: Raccogliere i gambi di lavanda, preferibilmente quando i fiori sono completamente aperti e al massimo della loro fragranza.

- **Preparazione**: Legare i gambi in mazzetti utilizzando uno spago naturale. Assicurarsi che i mazzetti non siano troppo grandi per permettere una buona circolazione dell'aria.

- **Posizionamento**: Appendere i mazzetti a testa in giù in un luogo fresco, asciutto e buio. Evitare l'esposizione diretta alla luce solare, poiché può sbiadire i colori e ridurre l'aroma.

- **Tempi di essiccazione**: Lasciare essiccare per circa 1-2 settimane, fino a quando i gambi diventano fragili e i fiori non perdono la loro umidità.

1.3.2. Essiccazione in forno

L'essiccazione in forno è un metodo più veloce, anche se meno tradizionale:

- **Preparazione**: Preriscaldare il forno a 40-50°C.

- **Disposizione**: Distribuire i gambi di lavanda su una teglia rivestita di carta da forno, assicurandosi che non si sovrappongano.

- **Essiccazione**: Inserire la teglia nel forno e lasciare la porta leggermente aperta per permettere all'umidità di fuoriuscire. Controllare frequentemente per evitare che i fiori brucino.

- **Tempi di essiccazione**: Dopo circa 1-2 ore, i fiori dovrebbero essere completamente asciutti. Lasciar raffreddare prima di riporli.

1.4. Conservazione della Lavanda Essiccata

Una volta essiccata, la lavanda deve essere conservata correttamente per mantenere le sue qualità.

1.4.1. Contenitori Ermetici

- **Scelta del contenitore**: Utilizzare contenitori ermetici, come barattoli di vetro o contenitori in metallo, per conservare la lavanda essiccata. Questi contenitori proteggono dai raggi UV e dall'umidità, che possono degradare l'aroma e le proprietà della lavanda.

- **Posizionamento**: Conservare i contenitori in un luogo fresco e buio, lontano da fonti di calore e umidità. Una dispensa o un armadio è un'ottima scelta.

1.4.2. Sacchetti Aromatici

I sacchetti aromatici sono un modo delizioso per conservare la lavanda e utilizzarla in casa:

- **Preparazione**: Riempire piccoli sacchetti di stoffa (preferibilmente in cotone o lino) con fiori secchi di lavanda.

- **Utilizzo**: Posizionare i sacchetti nei cassetti, negli armadi o nell'auto per un profumo fresco e naturale. I sacchetti possono essere ricaricati con lavanda fresca ogni volta che perdono aroma.

2. Conservazione dei Prodotti a Base di Lavanda

Oltre alla lavanda fresca e essiccata, è importante considerare la conservazione dei prodotti a base di lavanda, come oli essenziali, sciroppi e altri preparati. Ecco alcuni suggerimenti.

2.1. Conservazione dell'Olio Essenziale di Lavanda

L'olio essenziale di lavanda è altamente concentrato e può deteriorarsi se non conservato correttamente:

- **Contenitore**: Utilizzare bottiglie di vetro scuro per proteggere l'olio dalla luce. Le bottiglie di vetro scuro prevengono l'ossidazione e prolungano la durata dell'olio.

- **Posizionamento**: Conservare l'olio essenziale in un luogo fresco e buio, lontano da fonti di calore. Una cantina o un armadio è ideale.

- **Durata**: L'olio essenziale di lavanda ha una durata di conservazione di circa 1-3 anni, a seconda della qualità e delle condizioni di conservazione.

2.2. Conservazione del Syrup di Lavanda

Il syrup di lavanda, preparato in casa, può essere conservato in modo semplice:

- **Contenitore**: Utilizzare bottiglie di vetro con tappi ermetici.

- **Posizionamento**: Conservare in frigorifero per prolungare la freschezza. In questo modo, il syrup di lavanda può durare fino a 1 mese.

- **Congelamento**: Per una conservazione a lungo termine, il syrup di lavanda può essere congelato in cubetti di ghiaccio. In questo modo, sarà possibile utilizzare piccole porzioni all'occorrenza.

2.3. Conservazione dei Prodotti Fatti in Casa

I prodotti fatti in casa a base di lavanda, come

saponi e scrub, richiedono una conservazione adeguata per garantire la loro freschezza e sicurezza:

- **Saponi**: I saponi fatti in casa devono essere conservati in un luogo fresco e asciutto, lontano dall'umidità, per evitare che diventino molli o perdano la loro efficacia.

- **Scrub e candele**: Conservare questi prodotti in contenitori ermetici per prevenire l'assorbimento di umidità e il deterioramento. Assicurarsi di etichettare i contenitori con la data di preparazione per monitorare la freschezza.

3. Suggerimenti per la Conservazione della Lavanda

Per ottimizzare la conservazione della lavanda e dei suoi derivati, ecco alcuni suggerimenti pratici.

3.1. Etichettare i Contenitori

Etichettare tutti i contenitori in cui conservi la lavanda o i prodotti a base di lavanda è una pratica utile. Indica il tipo di prodotto e la data di preparazione. Questo ti aiuterà a tenere traccia della freschezza e della durata di ciascun prodotto.

3.2. Monitorare le Condizioni di Conservazione

Controllare regolarmente le condizioni di conservazione dei prodotti è fondamentale. Assicurati che non vi siano segni di umidità, deterioramento o odori sgradevoli. Se noti qualcosa di insolito, è meglio scartare il prodotto.

###

3.3. Utilizzare Prodotti Naturali per la Conservazione

Se stai preparando prodotti a base di lavanda, considera l'uso di ingredienti naturali per la conservazione. Ad esempio, l'aggiunta di vitamina E agli oli può aiutare a prolungarne la durata.

La conservazione della lavanda è un aspetto fondamentale per preservare non solo la sua bellezza, ma anche le sue proprietà aromatiche e terapeutiche. Conoscere le tecniche di conservazione appropriate, sia per la lavanda fresca che per quella essiccata, è essenziale per sfruttare appieno i benefici di questa pianta meravigliosa.

Sia che tu stia conservando lavanda per uso personale o per creare prodotti da condividere con amici e familiari, seguire i consigli forniti in questo capitolo ti aiuterà a mantenere la qualità e la freschezza della lavanda nel tempo. Con un po' di attenzione e cura, potrai godere dell'aroma inebriante e delle proprietà della lavanda tutto l'anno, arricchendo la tua vita quotidiana con il suo profumo e i suoi benefici.

Glossario

A

Aroma

L'insieme di odori che una pianta, come la lavanda, emana. L'aroma della lavanda è noto per le sue proprietà calmanti e rilassanti.

Aromaterapia

Una pratica terapeutica che utilizza oli essenziali estratti da piante, tra cui la lavanda, per promuovere il benessere fisico e mentale. La lavanda è frequentemente utilizzata in aromaterapia per alleviare stress e ansia.

B

Balsamico

Riferito a un profumo dolce e resinoso, tipico

di alcune varietà di lavanda. Le varietà balsamiche sono apprezzate per la loro fragranza intensa e duratura.

Botanica

La scienza che studia le piante, compresi gli aspetti della loro struttura, crescita e classificazione. La botanica è fondamentale per comprendere la lavanda e le sue varietà.

C

Condizioni di Crescita

Fattori ambientali che influenzano la crescita delle piante, inclusi clima, terreno, umidità e esposizione al sole. Le condizioni ideali di crescita per la lavanda includono un terreno ben drenato e un clima soleggiato.

Cucina

Ramo della gastronomia che include l'uso di

erbe aromatiche e spezie per insaporire i piatti. La lavanda è usata in molte ricette culinarie, dai dolci ai piatti salati.

D

Distillazione

Processo mediante il quale si estraggono gli oli essenziali dalle piante, come la lavanda. Questo metodo sfrutta il calore per vaporizzare l'olio e condensa i vapori per raccoglierlo.

Draining

Riflette la capacità del terreno di permettere il deflusso dell'acqua. Un buon drenaggio è cruciale per la crescita della lavanda, poiché evita il ristagno idrico che può danneggiare le radici.

E

Essiccazione

Il processo di rimozione dell'umidità dalle piante, come la lavanda, per preservarne le proprietà aromatiche e medicinali. Può avvenire in modo naturale o attraverso l'uso di forni.

Estratto di Lavanda

Un preparato liquido ottenuto dall'infusione di fiori di lavanda in un solvente, spesso alcolico, usato in cucina o per scopi cosmetici.

F

Fiori di Lavanda

Le infiorescenze della pianta di lavanda, che contengono oli essenziali. Sono utilizzati in vari ambiti, tra cui la cucina, l'aromaterapia e la cosmetica.

Fitosanitari

Prodotti chimici o naturali utilizzati per proteggere le piante da malattie e parassiti. È importante scegliere metodi di controllo ecologici quando si coltiva la lavanda.

G

Giardinaggio

L'arte di coltivare piante e fiori. Il giardinaggio della lavanda richiede conoscenze specifiche sulle sue esigenze e tecniche di cura.

Gocce di Lavanda

Riferimento agli oli essenziali di lavanda in forma liquida, utilizzati in aromaterapia o come profumi.

I

Infuso

Preparazione liquida ottenuta immergendo fiori di lavanda in acqua calda, spesso utilizzato per creare tè o bevande aromatizzate.

Irrigazione

Tecnica di fornitura di acqua alle piante. La lavanda richiede un'irrigazione moderata per evitare il ristagno idrico.

L

Lavanda

Una pianta aromatica della famiglia delle Lamiaceae, apprezzata per il suo profumo e le sue proprietà terapeutiche. La lavanda viene utilizzata in vari ambiti, dalla cucina all'aromaterapia.

Lavanda Angustifolia

Nota anche come lavanda vera o lavanda inglese, è una delle varietà più apprezzate per il suo profumo intenso e le sue proprietà terapeutiche.

Lavanda Stoechas

Conosciuta anche come lavanda spagnola o lavanda di ottobre, è una varietà che presenta fiori più colorati e un aroma distinto, utilizzata in giardinaggio ornamentale.

M

Malattie delle Piante

Patologie che possono colpire le piante, causate da funghi, batteri o virus. Le malattie possono ridurre la crescita e la produzione di lavanda.

Miscela di Oli Essenziali

Combinazione di vari oli essenziali, tra cui la

lavanda, per creare un profumo unico e per specifici benefici terapeutici.

O

Oli Essenziali

Estratti concentrati ottenuti da piante, utilizzati in aromaterapia e cosmetica. L'olio essenziale di lavanda è noto per le sue proprietà rilassanti.

Ossigenazione

Processo che aumenta il contenuto di ossigeno nel terreno, favorendo la salute delle radici delle piante. Una buona ossigenazione è fondamentale per la crescita della lavanda.

P

Potatura

Pratica agricola che consiste nel tagliare parti della pianta per promuovere la crescita e la fioritura. La potatura della lavanda è essenziale per mantenerne la forma e stimolare una fioritura abbondante.

Parassiti

Insetti o altri organismi che possono danneggiare le piante. I parassiti comuni della lavanda includono afidi e cicaline. È importante monitorare la pianta per prevenire infestazioni.

R

Raccolta

Il processo di raccolta dei fiori di lavanda al momento giusto per massimizzare l'aroma e le proprietà terapeutiche. La raccolta avviene tipicamente in estate, quando i fiori sono completamente aperti.

Rimedio Naturale

Preparazioni a base di piante utilizzate per trattare disturbi o malattie. La lavanda è spesso utilizzata come rimedio naturale per l'ansia e i disturbi del sonno.

S

Sacchetti di Lavanda

Piccoli sacchetti di stoffa riempiti con fiori secchi di lavanda, utilizzati per profumare armadi e cassetti e per tenere lontani i parassiti.

Sciroppo di Lavanda

Preparato dolce a base di zucchero e infuso di fiori di lavanda, utilizzato in cucina per aromatizzare bevande e dolci.

T

Terreno

Il substrato nel quale le piante crescono. La lavanda prospera in terreni ben drenati, sabbiosi e leggermente alcalini.

Trapianto

La pratica di spostare una pianta da un luogo all'altro. Il trapianto della lavanda deve essere effettuato con attenzione per non danneggiare le radici.

U

Uso Culinario

Riferimento all'impiego di lavanda in cucina per insaporire piatti e bevande. La lavanda è utilizzata in dolci, infusi e marinature.

Uva

Riferito a un tipo di profumo che può essere creato mescolando oli essenziali, compresa la lavanda, per ottenere fragranze dolci e fruttate.

V

Varietà di Lavanda

Riferimento alle diverse specie di lavanda, ognuna con caratteristiche uniche di aroma, colore e utilizzo. Alcune delle varietà più comuni includono la lavanda angustifolia, la lavanda stoechas e la lavanda latifolia.

Vegetazione

L'insieme delle piante presenti in un'area. La vegetazione di una regione può influenzare le condizioni di crescita della lavanda.

Z

Zucchero di Lavanda

Preparazione a base di zucchero aromatizzato

con fiori di lavanda, utilizzato per dolcificare tè, dessert e altre ricette.

Zappa

Strumento utilizzato in agricoltura per lavorare il terreno e rimuovere le erbacce. La zappa è uno strumento utile nella cura e nella manutenzione dei campi di lavanda.

Conclusione

Questo glossario offre una panoramica completa dei termini e dei concetti legati alla lavanda, rendendo più semplice la comprensione e l'applicazione delle informazioni riguardanti la coltivazione, l'uso e la conservazione di questa pianta affascinante. La lavanda non è solo un elemento di bellezza e profumo, ma anche una pianta ricca di significato e utilizzi pratici, dalla cucina all'aromaterapia. Conoscere questi termini e pratiche consente di apprezzare appieno le potenzialità della lavanda e di integrare questa pianta nella vita quotidiana in modo consapevole e informato.

Indice

Introduzione pg.4

Capitolo 1: Storia e Origini della Lavanda pg.6

Capitolo 2: Preparazione del Terreno per la Lavanda pg.16

Capitolo 3: Controllo delle Malattie e Parassiti e Raccolta della Lavanda pg.28

Capitolo 4: Usi della Lavanda pg.42

Capitolo 5: Conservazione della Lavanda pg.57

Glossario pg.70

www.ingramcontent.com/pod-product-compliance
Lightning Source LLC
Chambersburg PA
CBHW070352230526
45471CB00006B/2529